ちょっと、気になる木

それはポエム。哲学。想像。真理。。。それともユーモア。？

ジョーン・クロスターマン＝ケテルス 著
宮田 攝子 訳

ガイアブックスは
地球《ガイア》の自然環境を守ると同時に
心と身体の自然を保つべく
“ナチュラルライフ”を提唱していきます。

Cover & interior design by Damian Keenan
Photography by Joan Klostermann-Ketels

The quote by Nalini Nadkarni on page 7 is reprinted with permission of the author.

木と私をめぐる物語《ストーリー》

私は近くの町から16キロも離れた農場で暮らしていました。わが家の私道だけでも1キロ半はありました。当時の私は9歳か10歳で、12人きょうだいのちょうど真ん中でした。私たちは完全に世間から隔絶されていたわけではありませんが、近所に人がいるわけでもありませんでした。

ある日突然、なんの前触れもなく、農場が何者かに襲われました。だれが、どのような理由で襲ってきたのかは覚えていませんが、私たち家族は執拗に追いかけ回されました。私はとっさに家のすぐ隣に生えている大きなカシの木によじ登りました。葉はすべて落ち、枝がむき出しになっていましたが、その巨木に身を隠すのがいちばん安全なように思えたからです。太い枝の陰に身を落ち着けたとき、なにやら現実離れしたことが起こり、自分が木の一部になったように感じられたのを覚えています。

下を見ると、両親やきょうだいが逃げ場を求め、走り回っていました。ひとり、またひとりとカシの木に近づき、どうにかこうにか無事に枝までたどりつきました。私はダウン症の弟リッキーのことがとても心配で、事態をよく理解できず、木のそばに突っ立っている弟の注意を引こうとしました。すると弟がいつの間にか隣に現れ、私は思いきり抱きつきました。カシの木を見わたすと、家族はみな、この守り神のような巨木の枝に身を落ち着けています。私は言葉にならないほどの安堵をおぼえました。しかし、襲撃者たちはまだ木の下にいて、困惑した表情を浮かべています。そのうち、ひとりが頭上の木を見あげました。彼にはたしかに私たちが見えたはずですが、すぐに顔を下げ、歩き去っていきました。

ここで、いつも目が覚めました。私は毎晩、かれこれ１年近くもこの夢を見ました。ひどくおびえながらも、本当に夢でよかったと思わずにはいられませんでした。当然ながら、そのあと家じゅうを歩き、家族全員の無事を確認したものです。そしてベッドに戻る前にきまって窓辺に行き、外に立つカシの木にお礼を言いました。

毎晩繰り返し見たこの夢がきっかけで、私は木に心のつながりを感じるようになりました。当時はこの夢についてあまり深く考えませんでしたが、今ならよくわかります。私は幼い頃から、木がもつヒーリングのエネルギーや守護の力を感じとっていたのです。数年前から始めた、人間の感情や心身のあり方を表す木の写真を撮ることも、とにかく自分にしっくりときます。こうして私なりに、すばらしい木の心や彼らが暮らす森を称えているのです。

同じように世界中の何千という人たちが、こうした心のつながりを木に感じています。国際林冠ネットワークの代表で、ナショナル・ジオグラフィックの講演活動も行っているナリニ・ナドカルニは、こうつづっています。

いかなる種類の木も、人間の心身の状態と普遍的なつながりをもっています。木は人間と同じように呼吸し、命を生み、ほかの生物の営みを助けています。木には幹があり、人間には胴体があります。木には枝があり、人間には手足があります。旧約聖書で木や森に関する記述が328箇所にものぼり、木や森がまさに命の源であると記されているのは、たんなる偶然ではありません。

さあ、一緒に森へ出かけましょう。

ENLIGHTENED

賢者

私は天地万物について、わかったようなふりはしない。
それは私よりもはるかに大きなものだからだ

――トーマス・カーライル――

INTRODUCTION

勇者

勇敢さとは、手足ではなく
精神がしっかりしていることである

—— ミシェル・ド・モンテーニュ ——

PROUD

威厳

威厳は、勲章をもつ者ではなく
それをもつに足る者にある

―― アリストテレス ――

DISCREET

密会

平和と安楽のうちに暮らす者は、

知っていることすべてを語らず、見たことすべてを口にしない

── ベンジャミン・フランクリン──

SHY

控えめ

おのれの強さを自覚すると、
人は謙虚になる

――ポール・セザンヌ――

PRIMAL

原始

直感は、生まれながらの能力である

―― アレキサンダー・ベイン ――

P O I S E D

オーライ

我々は、天啓を待ち受けている

―― マシュー・アーノルド ――

OTHERWORLDLY

霊妙

鋭敏な人びとがここに見いだす美はすべて、
ほかのなによりも、われわれ人間がやってきた、
あの天の源を思わせる

―― ミケランジェロ ――

BOISTEROUS

放《ほう》歌《か》高《こう》吟《ぎん》

この世には、断じて動かぬものなどない。

だから、きみだけの唄を声高く歌え

―― ジョン・キーツ ――

HAPPY-GO-LUCKY

のんき者

友情の翼で歓喜の沈みゆく炎を

あおり立てるのだ。

さあ、薔《ば》薇《ら》色のぶどう酒をこちらにまわせ！

——チャールズ・ディケンズ——

CAPTIVATED

熱中

あらゆるものの値段は、
きみがそれと引き換えにする
人生の量で決まる

―― ヘンリー・デイヴィッド・ソロー ――

G R A T E F U L

感 謝

人の親切につねに目を見開いていなさい。
感謝の心を忘れた者は、
人生で居眠りしているに等しい

―― ロバート・ルイス・スティーブンソン ――

CAREFREE

楽天家

たまには怠けることもせぬと、
自由気ままな人間には見えぬ

—— マルクス・トゥッリウス・キケロ ——

ENIGMATIC

謎

時代により、なにひとつ変わらないにもかかわらず、
すべてがまるで異なる様相を呈する。
それこそが歴史のもつ魅力であり、
その謎めいた教訓である

―― オルダス・ハクスリー ――

SLEEPY

寝ぼすけ

のんびりした生活とだらけた生活は、まったくの別物だ。
たっぷり眠るのは、墓に入ってからでいい

── ベンジャミン・フランクリン ──

写真提供
ボブ・ロング

DEVOTED

夫婦愛

愛とは、ふたつの肉体に宿る、
ひとつの魂

―― アリストテレス ――

人はみな、老いも若きも、木に心惹かれます。生涯を通じて、自然が生みだす、このダイナミックな彫刻の美しさに魅了され、そのスピリチュアルなエネルギーを感じ、その叡智を読みとるのです。

私たちは、木の枝が夏の風にそよぐさまに心をなごませ、燃えたつような秋の紅葉に心をときめかせます。子どもたちは、大きなカシの木の下で安らぎをおぼえ、母親がはらはらするほど高い枝に夢中でのぼります。そして、その母親も子どものころは、そのカシの木にのぼって遊んでいたのです。

木は葉を落としたとき、人の心にもっとも強く訴えかける力をもっているようです。夏のあいだは葉に隠れて見えなかった樹皮の顔が、突如として声高に笑いだし、生の欲望を大声で叫びだすのです。枝間の空間が、葉に隠されていた木の心をあらわにして、私たち人間も、生活に間《ま》というものがなければ、いちばん感動的で大切な瞬間を見過ごしてしまうことを教えてくれます。

美しい音楽を聴いているとき、私たちがはっとするのは、音が奏でられているときではなく、音が一瞬途切れたときです。ダンスでも、ワルツの踊り手がほんのつかの間動きを止めると、動きの美しさが際立ちます。私たちの生活のリズムでも、こうした間《ま》合いや静かな思索のひとときが大切です。そして人間の身体も、季節を読みとる機能を備え、生活に間《ま》が必要なときを教えてくれるようにできています。

木は、時間と空間と変化について教えてくれる、偉大な師です。心静かに枝間を鑑賞していると、木が威厳と礼節をもって、生き方や喜び方、苦しみの受けとめ方、さらには死に方の手本さえも示していることに気づくでしょう。

いまここで

私たちが

手にしているのは

いまこのときだけ

いまを生きる

それがすべて

―― ジョーン・クロスターマン＝ケテルス ――

POMPOUS

高慢

自分のことで頭がいっぱいな人ほど、
からっぽな人はいない

―― ベンジャミン・ホイッチコット ――

FATHERLY

父と子

大人どうしの会話よりも、
子どもの思いがけない質問から、
学ぶべきことのほうが多い

―― ジョン・ロック ――

COY

はにかみ屋

自然は、ノックもせず、
入りこんでもこない。
なんて不思議なのかしら

── エミリ・ディキンスン ──

BOSSY

森の長《おさ》

敢えて天下の先と為らず、故に能《よ》く器《き》の長《ちょう》と成る

(自分から世の人びとの先頭に立とうとはしないからこそ、

人材をうまく用いる指導者となれるのだ)

── 老子 ──

HUNGRY

食いしん坊

自然は、真理を知りたいという、
飽くなき探究心を我らの精神に植えつけた

—— マルクス・トゥッリウス・キケロ ——

VICTORIOUS

勝利

おまえには無理だと言われたことをやり遂げるのは、
人生の大きな喜びである

――ウォルター・バジョット――

PRESIDENTIAL

大統領

人はみな、自分で選択したか否かにかかわらず、
この世で果たすべき役割があり、
なんらかの点で重要な存在である

―― ナサニエル・ホーソーン ――

GRUMPY

不機嫌

薔薇《ばら》にはトゲがあると、
つねに不平を言う人がいる。
だが、私はトゲのある木に薔薇が咲いて
よかったと思う

—— アルフォンス・カール ——

EFFUSIVE

溢《あふ》れる

溢れることは、美である

—— ウィリアム・ブレイク ——

ANGELIC

天使

愛されたいがゆえに愛するのは、人間の業《わざ》。
愛したいがゆえに愛するのは、天使の業

―― アルフォンス・ド・ラマルティーヌ ――

FRAZZLED

うんざり

社会によく適応した人間とは、
同じ過ちを堂々と２度犯す者である

―― アレクサンダー・ハミルトン ――

SISTERLY

姉妹

いちばん頼れる人に対して、
もっとも我慢を強いられることが多いものだ

―― バルタサル・グラシアン――

OBSERVANT

観察

会話の真の精神とは、
相手の意見を覆すのではなく、
それに基づき話を進めることである

── ロバート・ブルワー=リットン ──

信じる心

子どものころは　人生について
いまよりずっと　よくわかっている気がしていた

なにもかもが　ごく当然で
生きる目的も　しっかりともっていた

いまの私を悩ませている
大いなる疑問のすべても
あのころの私なら　なんとなく納得していた

なにもかもがうまくいくと　信じていた
世のなかのことなど
なにもわかっていなかったから

人はみな　神について知りたがり
愛したい　頼りたいと心から願うけれど
そんな神でさえ　私自身の一部だった

私は完全無欠の存在で　怖いものなどなにもなく
無償の愛を感じていた

そして　その気持ちが
すこしでも　揺らいだら

大好きな樹の下で　ごろんと草に寝ころんで
夜空の星を見つめればよかった

本当に毎日が平和だった

なんの疑問も　疑いもなく
ただひたすら　純粋に
なにかを信じつづけていた

私よりも大きな道を……

――ジョーン・クロスターマン＝ケテルス――

CURIOUS

好奇心

鳥や木や花について知りすぎたり、
厳密に、あるいは科学的に考えすぎたりしてはいけない。
なぜなら、知らないことや考えないことを
多少は残しておくほうが、そうしたものを楽しめるからだ

―― ウォルト・ホイットマン ――

DOUBTFUL

懐疑的

疑念は心地よいものではない。
だが、確信は愚かなものである

── ヴォルテール ──

ENCHANTED

魔法

自然は神の芸術なり

―― ダンテ・アリギエーリ ――

SERENE

やすらぎ

心穏やかに、清らかに生きるために、
ひとつだけ必要なもの。
それは達観

―― マイスター・エックハルト ――

S T U N N E D

唖然

木が曲がらずに、
折れる場所では、
災難に見舞われるものだ

―― ルートウィヒ・ウィトゲンシュタイン ――

IMPISH

いたずらっ子

1年間の会話よりも、
1時間の遊びから、
その人について発見することのほうが多い

── プラトン ──

SHOW OFF

目立ちたがり

我々は、出会う人すべてに対して
目の錯覚を起こすものだ

—— ラルフ・ウォルドー・エマソン ——

AGILE

行動的

人間は肉体をもつ存在ゆえに、
幸福は自分の外にあると考え、つねに外界に目を向ける。
だが、結局は自分の内に向きなおり、
幸福の源はおのれのなかにあることに気づくのである

―― セーレン・キルケゴール ――

UNTAMED

野生

天地は仁《じん》ならず

（天地自然の働きに仁愛の心はない）

――老子――

A S P I R I N G

向上心

楽しく暮らしていると、人生が上り調子になり、
ものごとが無限に連鎖していくものだ

── ロバート・ルイス・スティーブンソン ──

DUTIFUL

使命

私は、自分の行いが

社会に変化をもたらすかのように行動する

―― ウィリアム・ジェイムズ ――

DRAMATIC

熱唱

賞賛についての私の助言は、こうである。
存分にそれを味わいたまえ。
ただし、信じきってはいけない

―― サミュエル・ラヴァー ――

WHIMSICAL

気まぐれ

人生とは音楽のようなもの。
規則ではなく、耳と感情と直感によって
つくりあげられるべきである

―― サミュエル・バトラー ――

OBSESSED

執着

凡《およ》そ人の患《うれい》は、一曲に蔽《おお》われて大理に闇《くら》きことなり

（一般に人間の欠点は、局部に目を覆われて、

大きな道理に気づかないことである）

―― 荀子《じゅんし》 ――

HAND OF GOD

神の手

みずからの生を生き、仕事をし、
そして自分の帽子を手にせよ

── ヘンリー・デイヴィッド・ソロー ──

PASSIONATE

熱愛

心に理を説くことはできない。
心には心の法則があり、
知性がさげすむようなことに
ドキドキするものなのだ

―― マーク・トウェイン ――

MISCHIEVOUS

悪ふざけ

自分が及ぼす迷惑のすべてを
知りえるほど賢い人は、めったにいない

―― フランソワ・ド・ラ・ロシュフコー ――

HAND OF GOD

神の手

みずからの生を生き、仕事をし、
そして自分の帽子を手にせよ

── ヘンリー・デイヴィッド・ソロー ──

S P E L L B O U N D

呪縛

汝《なんじ》はおのれ自身の感覚的な欲望により、
逃《のが》れえぬ破滅の網にとらわれている

—— アイスキュロス ——

STUBBORN

頑固者

自分が選んだ道をかたくなに進む者は多いが、
ひたすらゴールを目指す者は稀である

―― フリードリッヒ・ニーチェ ――

AGONIZED

苦悶

…私は、自然を貫く
果てしない叫びを聴いた

── エドヴァルド・ムンク ──

WILY

狡猾

私利私欲は、
我々のなかにある獣性の名残にほかならない。
人間らしさは、私利を手放したとき、
はじめて人間のなかに芽ばえるのである

—— アンリ・フレデリック・アミエル ——

CONNECTED

絆

自然界には、孤独なものなど、ひとつも見あたらない。
あらゆるものが、その前や横、
その下や上にあるものとつながっている

—— ヨハン・ヴォルフガング・フォン・ゲーテ ——

ORNERY

偏屈者

素直な人間になりなさい。
そうすれば、この世からろくでなしが
ひとり減ったことを実感するだろう

―― トーマス・カーライル ――

ATTENTIVE

ひたむき

天才とは、
ひとえに関心の持続性である

—— クロード・アドリアン・エルヴェシウス ——

BRAVE

豪傑

この世を生きる極意は、
なにごとも怖れぬことなり

——釈迦——

CLUMSY

醜態

私は、これまで醜いものをいちども見たことがない。
対象の形をありのままに見つめれば、
光と影と視点が、
つねにそのものを美しく見せてくれるだろう

── ジョン・コンスタブル ──

DANGEROUS

危険

毒ヘビ、君主、トラ、スズメバチ、幼児、
他人の飼い犬、愚か者。
これら7つは、眠りから起こすべからず

—— カウティリヤ ——

RADIANT

輝き

自然とは、あらゆるところに中心があり、
なおかつどこにも周辺がない、
無限の球体である

―― ブレーズ・パスカル ――

NOCTURNAL

闇の住人

昼間よりも夜のほうが生き生きとして、
色彩が豊かに見えることがある

── フィンセント・ファン・ゴッホ ──

RELAXED

リラックス

たまにいたずらをしたり、
冗談を言ったりするのは、
心の息抜きに必要不可欠なことである

── 聖トマス・アクィナス ──

RELENTLESS

がむしゃら

最後のところでこらえるよりも
最初からやめておくほうがかんたんだ

── レオナルド・ダ・ヴィンチ ──

SURPRISED

驚き

チャンスはつねに強力だ。
釣り糸はいつもたらしておけ。
こんなところでは釣れないだろうと思う池にこそ、
魚はいる

—— オウィディウス ——

A W A K E N E D

目 覚 め

本来あるべき姿とくらべれば、
いまの我々は、なかば寝ぼけているようなものだ

── ウィリアム・ジェイムズ ──

PURPOSEFUL

毅然

かくて、このわれらの日々は、俗塵の巷《ちまた》を遠く離れて、
木々に言葉を聞き、せせらぎに書物を見いだし、
石に神の教えを感じ、あらゆるものに善を見る

—— ウィリアム・シェイクスピア ——

WHOO-HOO!

ウッホー！

大人《たいじん》とは、その赤子《せきし》の心を失わざる者なり
（大徳の人は、いつまでも赤子のような純真な心を
失わずにもっているものだ）

――孟子――

SATISFIED

満足

よい行いは、よい言葉に勝る

—— ベンジャミン・フランクリン ——

MIGHTY

巨人

自分の知恵を過信するのは、賢明ではない。
いちばん強い者も弱り、いちばん賢い者も誤る
ということを覚えておくべきである

── マハトマ・ガンディー ──

BEST FRIENDS

親友

好きな人たちと一緒にいるだけで
充分なのだということがわかった

―― ウォルト・ホイットマン ――

GENEROUS

おおらか

善き人の生涯のなかで最良のもの、
それは、ささやかな、名もない、
記憶にも留まらないような親切と愛の行為

―― ウィリアム・ワーズワース ――

木と人との想像と空想の物語

木は。人工的造形ではない。
人と同じ自然の造形である。

孤独な時がいい、木とふれ合うひとときは。
木と私のポエムとささやき、親しみ………。

本書は詩的で私的な物語《ストーリー》であり、イマジネーションをふくらませ、
さまざまな味わい方ができます。

ここで紹介するのは著者が個人的に
ページタイトルを決めるに至った考察を思いのままに綴ったものです。
本書を通してあなたの個を表現し、自由に楽しんでみてください。

賢者(p.8)
森のこの住人は、突然のひらめきを歓迎するかのように、身体を反らし、両手を大きく広げて、冬の暖かな陽射しをさんさんと浴びています。この場からは、感謝の念や満足感、はかりしれない幸福感が感じられます。

勇者(p.10)
辺境の前哨地である山の尾根で、今日もすばらしい1日を迎えようと期待に胸を躍らせています。順応性に富んだこの木は、あらゆるものを見て、どんな環境でも生き抜く力をもっています。

威厳(p.12)
ワシのような気高さとタカのような敏捷《びんしょう》さをもつ、ずんぐりとしたこの木は、風雨にさらされた幹に陽光を浴び、ひときわ異彩を放っています。威厳に満ちた多くの老木と同様、この場にも、なにか偉大なるものの気配が感じられます。多くの先人たちの文化でもそうであったように、この存在を無視するのも、その価値を認めて敬い、崇拝するのも、私たち次第です。

密会(p.14)
友人ふたりが遠いところで会い、親しげに話をしています。この訳ありげな密会のために、わざわざこの場所が選ばれた理由は定かではありませんが、周囲の草木たちは、ふたりが人目を避けているのを理解し、そっと見守っています。

控えめ(p.16)
「私、かわいいでしょ」と、この木がつぶやいています。

原始(p.18)
私たちがもっとも驚かされた木のひとつで、ボートからこの角度でしか見ることができません。はじめて見たときは、精霊《ニンフ》のような姿をした、自意識過剰ぎみのこの木が、私たちを近くに招き寄せようとしているように感じられました。でも、どうして？　おそらくは湖の奥端にある湿地帯の上空で、儀式めいた踊りを披露するためでしょう。この木は、自分の原始的な本質をたたえているのです。

オーライ(p.20)
がっしりした幹に頑丈な腕をもつこの木は、自信に満ちた、有能なスポーツマンタイプです。この地域でなにかをやってもらいたいときは、この木に頼めば、いちばんすばやく(とはいえ、それなりに時間はかかるでしょうが)やってくれることでしょう。

霊妙(p.22)
朝もやのなか、この世のものならぬ木が、姿を現しています。対岸から見ると、枝々が複雑に曲がりくねり、枝の区別がつかないほどです。

放歌高吟(p.24)
おかしな帽子をかぶり、大口をあけた、こんな木なら、だれでもきっと気に入るはずです。「さあ、みなさん、森の学園祭へいらっしゃい！」

のんき者(p.26)
この木は、絶えず周囲に驚きながら、ちょっぴり斜めに立っています。注意力がやや散漫かもしれませんが、まわりが温かく見守ってあげれば、きっと大丈夫でしょう。

熱中(p.28)
この木は、いまにも倒れそうな姿で激情に悶えながら、大破した状態に甘んじているように見えます。しかし、そのうちすっかり立ち直るでしょう。いずれにせよ、なにかに熱中しています。

感謝(p.30)
この木は、風雨や日光という贈り物を授けてくれる神をたたえています。私たちも謙虚な気持ちになり、あわただしい日々の暮らしに追われて忘れがちな感謝の心を思い起こす必要があります。

楽天家(p.32)
この木は、私たちが近くにいることに気づいていません。というより、そんなことは気にしていないのです。両手を広げて、落ち葉の上にごろんと寝転び、大きく口をあけて笑いながら、秋のすてきな1日を楽しんでいます。心底のんきにくつろいでいます。

謎(p.34)
私の友人たちはこの美しい木の写真に、胎児、(満月の月面に現れる)月の男、長衣をまとった修道士、熱心に議論するふたりの元気な若者など、じつにさまざまな人物の姿を見てとります。おそらくこの写真集のなかで、もっとも謎めいた木でしょう。

寝ぼすけ(p.36)
昨夜の森は嵐だったのかもしれません。それとも、たんにこの木は早起きが苦手なだけでしょうか。いずれにせよ、大リーグでプレーするこの木が大あくびをしているところを友人のボブ・ロングが写真に収め、送ってくれました。

夫婦愛(p.38)
仲むつまじく寄り添う老夫婦は、ふたりでともに過ごしてきた人生や時間をたたえながら、この世での残り少ない日々を送っています。ふたりが踊っているのは、結婚50周年、あるいは70周年、100周年の記念日を祝う最後のワルツ。ふたりの身体は朽ちても、その魂は永遠に不滅です。

高慢(p.42)
この木は、森の政治家です。いろんな計画やアイデアを思いつき、それをさも得意げにみんなに披露しています。でも、いまあらためて写真を見ると、森のオペラ「この美しき秋の日は二度と来たりぬ」を唄っているバリトン歌手かもしれません。そう、この木がなにに見えるかは、そのときのあなたの見方次第なのです。

父と子(p.44)
父親のような木が、遠くの丘を指さしながら、森の歴史や伝説、その背後にある哲学などを、かたわらで熱心に手を伸ばす息子に語っています。じつに感動的で心あたたまるひとときをとらえた写真です。

はにかみ屋(p.46)
このかわいらしい木は、道行く人たちに「いないいないばあ」をしています。私たちが気づかずに通りすぎたら、きっとがっかりしたことでしょう。

森の長(p.48)
ケープをはおったこの木は、不思議な仙人のようにいきなり姿を現して、私たちが不案内な森の進路を威厳たっぷりに指し示しています。あきらかにこの森を取りしきる長で、あらゆるものを見聞きし、どんなことでも知っています。でも、見方を変えると、この木は春のソフトボール大会のアンパイアで、「アウト！」と言っているのかもしれません。

食いしん坊(p.50)
この大木は、その太い身体にふさわしい食欲の持ち主で、年がら年じゅう食べてばかりいます。本日のランチはパスタ。ズルズルと大きな音をたて、心底満足そうに分厚い唇で麺をすすっています。「ほら、きみも食べな！　今日のスパゲッティ、最高だよ！」

勝利（p.52）

タッチダウンを決めて、勝利をものにしたときのように両手を高々と掲げた、この頼もしい木は、たんに長く生きているだけではありません。自然の猛威をくぐりぬけ、その経験を糧としながら日々を楽しく過ごしています。みんなから信頼されるリーダーやコーチのように、人生を存分に楽しもうと私たちを熱心に鼓舞しています。この木の前に立つと、しあわせな気持ちになれます。

大統領（p.54）

敬礼のポーズに毅然とした表情、そしてもちろん、この髪型。そう、この木は、第40代アメリカ合衆国大統領ロナルド・レーガン氏にそっくりです。朝の森で出会いました。

不機嫌（p.56）

「ふん、どうせぼくは世界一のハンサムじゃないさ。で、ぼくになにかご用かい？」

溢れる（p.58）

この木は、一度にいくつもの仕事をこなすマルチタスカーです。四方八方に手を伸ばし、てきぱきと仕事をしながら、同時に複数の人と話もできます。どんなことも先延ばしせず、その場でさっさと片づけてしまいます。

天使（p.60）

この心やさしい木は、いまにも空に飛びたちそうです。翼に積もった雪が、天使のような姿をより強く印象づけます。でも、見方を変えると、仰向けに倒れて、雪の上に自分の痕《あと》をつけて遊ぼうとしているのかもしれません。

うんざり（p.62）

この木は、まわりから絶えずしつこい干渉を受け、そうした環境を自分ではどうにもできず、くたびれ果てているように見えますが、それでも、まっすぐすくすく伸びています。そうした状態をじっくり見ていると、むしろこの木は、自分にあれこれ指図したり、頼ってきたりする者たちを黙って受けいれているようです。その人の本当の心の状態は、見た目とは異なることがあるという自然の教訓を伝えるために、あえてタイトルはそのままにしました。

姉妹（p.64）

かたい絆で結ばれた、分かちがたい２本の大木ですが、左側の妹がいつもつきまとい、あれこれと詮索するので、右側の姉がときどきうんざりしているのがわかりました。

観察（p.66）

人なつこそうなこの木は、いつも目をあけて、森のあらゆることを見ています。自分の目で見えないことは、頭部に棲んでいるキツツキから話を聞いています。

好奇心（p.70）

輝く瞳とピノキオのように（うそつきではないけれど）ツンととがった鼻をもつ、子どものようなこの木は、無邪気さと、森のなかのできごとをすべて知りたいという好奇心とをもちあわせています。無邪気さと好奇心、ふたつともずっと失わずにいられるでしょうか？

懐疑的（p.72）

この木は探求的で、やや懐疑的な傾向にあり、つねにあらゆる可能性を模索しています。ある見解を否定も肯定もしないので、決してひとつの答えにたどりつくことはなく、つねに考えこんでいます。これは精神的宿命のようなもので、この木はものごとを絶えず考えなおしてみることを楽しんでいます。しかし、話好きな森の住人たちの多くは、そんな思索好きの木をもてあまし気味です。目下、この木は森の市長選に立候補すべきかどうか思案中で、まだ出馬の決断が下せずにいます。たぶん、それほどいい考えにも思えないのでしょう。

魔法（p.74）

この木はアニメキャラクター風のコスチュームのファスナーを下ろし、自分の本当の姿をのぞかせています。たぶんコロラド州の魔法の森で長い１日を過ごし、家に帰る途中なのでしょう。

やすらぎ（p.76）

この堂々とした優美な木は、人間の悲嘆や喜びをつぶさに眺められる場所に立ち、静かな口調でこう言っています。「なにがあろうとも、基本的には万事順調」

唖然（p.78）

「あいたっ！　ちぇっ……。ん、そうか、やっとわかったぞ！　おい、そこのきみたち、こっちにきてくれ！　ちょっと話したいことがあるんだ」

いたずらっ子（p.80）

小さな顔でそっと私たちを見つめている木を、ボートから見つけました。この木がなにを企んでいるかは、わかりませんが、この日はさっぱり魚が釣れませんでした。もしかして、ずる賢いナマズやバスとぐるになっているのでしょうか？

目立ちたがり(p.82)
どんな集団にも、ひとりはいるものです。

行動的(p.84)
この木(あるいは、この木片)が、「スターウォーズ」や「アバター」の登場人物にそっくりなので驚きました。小さな頭と長く強健な脚をもつ木が、周囲を警戒しながら、なにかを果敢に守っているように見えます。あるいは、私たちに危険を警告しているか、森の境界線の見張りに立っているのでしょう。この木は、闘争心よりも遊び心にあふれているようです。ですから、森のアメフトチームのディフェンシブエンドか野球チームの先発ショートかもしれません。武闘派にせよ、愉快なスポーツマンにせよ、一種独特の肉体的存在感をもっています。

野生(p.86)
陽が傾き、かぎりなく自由な精神をもつオオカミが、遠吠えを始めました。

向上心(p.88)
この木は意識を高め、ものごとへの理解を深めようと、一意専心しています。

使命(p.90)
肩に警棒をかついだ歩哨が、つねにまわりを警戒しながら、目をしっかりと見ひらいて、森に危険がないかどうか見まわっています。

熱唱(p.92)
この木は、フィナーレを飾る曲を朗々と唄いあげています。息もつかせぬパフォーマンスに私たちは釘づけです。

気まぐれ(p.94)
どことなく「アダムス・ファミリー」のハンドを彷彿とさせるこの木は、ロープの束の陰から、のんきにこちらを眺めています。ちょっぴり間抜けで不気味な姿を、とびきりすてきにとらえた写真です。この木をなにに見立てようか、この木がそれを気に入ってくれるかどうか、ずいぶん頭を悩ませました。みんなが楽しめることが大切なのです。

執着(p.96)
この木は、毎年毎年、季節がめぐるたびに挑戦することでしょう(これまでも、何度も挑戦してきました)。どうしても、やってみずにはいられないのです。

神の手(p.98)
はじめてこの木を見たときは、その魅力に気づきませんでした。どうやら私たちは、木がよくやりたがる大がかりなトリックに引っかかってしまったようです。後日、友人のデニス・エッジトンがルイジアナ州を自転車で横断旅行中、偶然にもふたたびこの巨木に出会いました。私たちは彼が撮った写真を見て、ようやくこの木の本当の美しさに気づき、視点の重要性を学びました。

熱愛(p.100)
2本の木が情熱的に抱きあい、もはやふたりなのか、ひとりなのか、わからないほどです。どちらにせよ、ふたりはひとつと化しています。熱愛中のふたりは、身をもって永遠の愛や周囲の自然の美しさ、冬という季節を表現しています。

悪ふざけ(p.102)
この木は、軽快にギャグを飛ばす、どうにも憎めないうぬぼれ屋で、なんでも軽く受け流します。からかわれた私たちも、つい笑ってしまい、退屈することがありません。この木は、きっと往年のコメディアン、グルーチョ・マルクスの生まれ変わりでしょう。さあ、葉巻で一服してください！

呪縛（p.104）
魔女のような姿の木は、なにかを探して、森のなかを飛びまわります。私たちは、この場所以外でも丘陵地帯や湿地帯で、たしかにこの木を見たことがあります。

頑固者（p.106）
この２本の木は、まわりの状況がどうなろうと、ひたすら自分たちの目標に向かって邁進《まいしん》します。どれだけ私たちが説得しても、彼らの決心を変えることはできないでしょう。

苦悶（p.108）
エドヴァルド・ムンクの「叫び」に自然界で出会いました。

狡猾（p.110）
耳をぴんと立てた、狡猾なコヨーテが、草の上にうずくまり、今夜はどんな悪事をはたらこうかと思案しながら、片目をあけて眠っています。

絆（p.112）
２本の木は、発芽から青年期まで、すぐ隣どうしで成長して、たがいに強く惹かれあい、その気持ちが身体にも表れています。あるいは、ずっとそばにいたために強い絆が生まれたのかもしれません。いずれにせよ、ふたりはたがいに夢中で、うわの空だったので、訊きそびれてしまいました。

偏屈者（p.114）
もじゃもじゃのあごひげを生やした、だらしない格好の木が、風がふきすさぶ湖畔で昼夜を問わず、大声でヨーデルを唄っています。この木は、ほぼいつも上機嫌で、自分の森を守るために必要なことをしているのです。

ひたむき（p.116）
この木は、2009年に森を襲った激しい嵐による、理不尽なまでの仕打ちをものともせずに立っています。怒りや後悔を抱くことなく、これからも生きつづけます。私たちも背筋をぴんと伸ばして立ち、楽観的かつ情熱的にあらたな１日を迎えましょう。人生最良のときは、これからやってくるのです。

豪傑（p.118）
激戦あるいは騒乱の傷跡が残るこの木は、強くて冷静沈着な、頼もしい存在です。森のはずれに立ち、森に出入りする者たちを見張っています。

醜態（p.120）
この木は、いろいろな見方ができ、みんなが異なる意見を言います。たとえば、私の見方はこうです。甲冑《かっちゅう》姿のいかつい兵士が、ときどき出没するならず者を警戒して、森を巡回していたところ……おっと！　兵士はつまずき、顔から地面にまっさかさま。恥ずかしさのあまり、だれにも見られたくなかったと思いましたが、すでに時遅しです。

危険（p.122）
危険は、積みあげた薪の上にいるヘビのように、予想だにしないところで待ち受けています。この木は威嚇しているように見えますが、とくに悪意はありません。よく見ると、どことなく愛嬌すらあります。自分を頼りにしてくれる者たちを守ろうとしているだけなのです。森には森の流儀があります。

輝き（p.124）
今日のまばゆい陽光と抜けるような青空は、この木の美しさにまさにぴったりです。まわりの木々もそれを認めているらしく、この壮観な景色を楽しんでいます。

闇の住人（p.126）
この木は、どことなくコウモリや吸血鬼のようです。夜遅くふたたびこの場所に来て、まだこの木がここにいるかどうか、確かめてみたらおもしろいかもしれません。ただし、ひとりでは行かないように。

リラックス（p.128）
この木は全身に陽光を浴びながら、大きなあくびをしています。本当にのんびりくつろいでいます。

がむしゃら（p.130）
この木は、私たちがかつて他州で出会った「車を食べる大木」の、ながらく行方不明だった従兄弟ではないでしょうか。いまから何十年も前にこの立派な足で、のっしのっしと歩きだし、心のおもむくままに、はるか彼方までやってきたのでしょう。

驚き(p.132)

この世のすべて見尽くして、あらゆることを経験したため、もはや驚きも感動も感じられなくなったら、人生はいったいどうなるでしょうか？

目覚め(p.134)
朝でものんびり寝ていられるのは、年長者の特権です。この木も、晩秋の冷たい風のなか、土の毛布を首まで引っぱりあげて、大あくびをしながら、伸びをしています。この木に「目覚め」というタイトルをつけたあと、ある友人が自分なら「監視人」と命名するだろうと言いました。最初はぴんときませんでしたが、友人は笑いながら「よく見てごらん。ここに人の顔が見えると、背筋がゾクゾクしてくるから」と言うのです。
さあ、もういちど左の写真をご覧ください。人の顔がじっとこちらを見つめているのがわかるはずです。実際、私たちはこの監視人から目が離せなくなってしまいました。どんなに見慣れた写真でも、「そのときの見方次第」なのです。

毅然(p.136)
この木は、当初からずっと「うつろ」というタイトルでしたが、心がうつろなものが、これほど美しく立派に育つことができるでしょうか。意志、理性、愛、そして私たちには知るよしもない、それ以外の目的が、この木を天の高みへと駆りたてているのです。

ウッホー!(p.138)
「ボク、この森がだーいすき!」 思いきりはしゃいで、とびきり楽しく過ごしましょう。

満足(p.140)
マペットのようなこの木の表情は、早朝から正午にかけて、冷笑からにやけ笑いに変わり、昼過ぎには、きまってやさしい微笑みになります。きっと今日も充実した1日を過ごしたのでしょう。

巨人(p.142)
このヘラクレスのような常緑樹は、まるで宇宙そのものさえ、支えられるかのようです。

親友(p.144)
2本の木は、心がぴったり寄り添いあい、一緒にいても、けっして飽きることがありません。毎日なかよく腕を組み、笑いながら道を歩いて、この界隈にとても幸せなムードを漂わせています。

おおらか(p.146)
この木のように美しく偉大な人なら、自分が得ている恩恵をみんなとごく自然に分かちあうものです。

ディスカッション・ガイド

木々とのすばらしい心のつながりを実感できたでしょうか?
言葉ではうまく表現できませんが、木と心が通じあっているときは、
そうとわかるものです。
本書のテーマをもとにディスカッションするための質問をここにまとめました。
この質問集は、ほんのきっかけにすぎません。
ここからヒントを得て、
あなた自身もたくさんの質問を思いつくことを願っています。

● 本書の木の写真のなかで、あなたが気に入ったものはどれですか?
それはなぜですか?
● 本書の名言のなかで、あなたが気に入ったものはどれですか?
それはなぜですか?
● あなたが感じたことのある気持ちや経験したことのある状況を表している
木の写真を1枚選び、そのときのことを話してください。
● 本書の名言を遺した人を3人選び、その生い立ちと人生を調べて発表してください。なぜその3人を選びましたか?　なにか驚いたことはありますか?
● 本書の名言は、100年以上も前の人びとが遺したものです。
これらの言葉を今の時代にどのように活かしたらよいと思いますか?
● あなたが気に入った名言を3つ選び、その写真やタイトルに合う、
もっと新しい名言を探してみましょう。
● 写真のタイトルを3つ選び、その言葉の定義を調べましょう。
なにか発見がありますか?

● 本書を読んで、木に対する見方が変わりましたか？

もしそうなら、どんなふうに変わりましたか？

● 巻末の著者の説明を読んでも、著者が言うようには見えない

（あるいは、そのタイトルや名言を選んだ理由がわからない）

木の写真を教えてください。あなたには、その木がどのように見えますか？

あなたなら、なんというタイトルをつけますか？

● あなたがはじめて木に心のつながりを感じたのは、いつですか？

子どものころですか？　それとも大人になってからですか？

それはどのような木で、あなたが感じた心のつながりはどのようなものでしたか？

● あなたが木になるとしたら、どのような姿の木になると思いますか？

● 木に人間のような目があったら、どうなるでしょう？

木はどのようなものを目にして、どのような話をするでしょうか？

同じ場所に立ったままの木にどのような変化があるでしょうか？

● あなたが好きな木の絵を描いてみましょう。

実際の木でも、想像上の木でも、かまいません。

● あなたが好きな木について話してください。その木は、どこに立っていますか？

まだその場所にありますか？　子ども時代の思い出の木ですか？

どうしてその木に心のつながりを感じるのでしょうか？

● 木がこの世に存在する意味はなんだと思いますか？

どうして木は存在しているのでしょうか？

● 木のほかには、どのような自然のなかに人間の顔や性格を見てとれますか？

● 私たちは“変化の師”である木から、人生について

どのようなことを学べるでしょうか？

著 者 あとがき

私は、木々をダイナミックな自然の彫刻、
もっとも素朴でナチュラルな芸術形式としてとらえました。
あなたも、1本の木を半年単位で観察してみてください。
その木がどのように変化していくか、その様子を書き記しておきましょう。
その木がどのように見えるかは、そのときのあなたの見方次第です。
これぞという写真をお持ちの方は、本書のウェブサイト
（www.personalitreesbook.com）のフォトギャラリーにぜひ投稿してください。
今日は、私と一緒に森を散歩してくださり、どうもありがとうございました。
みなさまからのご意見ご感想を楽しみにしています。

——ジョアン

写真の投稿は、下記までどうぞ

● 本書のウェブサイト（www.personalitreesbook.com）のフォトギャラリー
● Facebook か Twitter の『PersonaliTrees』のページ
● コメントのある方は、boss@beingofsoundspirit.com までメールしてください。

ACKNOWLEDGEMENTS

Any project worth doing typically cannot be done in a vacuum. It often takes points of view and frames of reference well beyond one person's own line of vision. I am most grateful to the following people for their help and support:

My sister, Mary Hanish (Moon) for harmonizing with me not only in music but in writing as well, along with sisters Lois Lenz and Marcia Klostermann for your unwavering support and editorial help. Bruce and Colleen Rieks for naming this book and your faithful friendship!

For participating in numerous focus groups and tolerating the many requests for suggestions, thank you to my kids, Michelle Gravel and Paul Sonderegger, Ben and Rachel Digmann, Matt Gravel and my sisters Theresa Prier, Jane Murillo, and niece, Leah Kestel. Thanks also, to Kristi Musser, Dennis Edgeton, Martha Edgeton, Karin Leonard, Bob and Jovita Long, Bart Rieks, Vicki Newell, Margie Skahill, Jean Vaux, Diane Roberts and Marsha Fisher.

Heartfelt thanks also to: Bud and Barb Ketels, Allan Hunter, Cat Bennett and Kat Tansey, Michaela Rich, Curt Hanson, Alex and Taylor Hanson, Glenda Wilson & Jim Boyland, Ann Raisch, Wayne Adams, Rosanne and Don Primus, Greg Van Fosson, Chuck and Patty Holley, the Breakfast Group, my Beckman high school girlfriends and everyone who loves trees.

And finally, my deepest gratitude and sincere thanks to the staff at Findhorn Press for trusting the universe and publishing PersonaliTrees and HumaniTrees. Thierry, Sabine, Carol, Mieke, Gail and Cynthia—you are the best! And to Damian Keenan for working your magic!

著　者：ジョーン・クロスターマン=ケテルス
(Joan Klostermann-Ketels)
人間の心の健康と幸福のために「Being Of Sound Spirit」を設立。企業向けの教育支援を行う「ケテルス・コントラクト・トレーニング社」も経営する。著書『Personali Trees』も出版。アメリカ・アイオワ州エルドラ在住。

翻訳者：宮田 攝子（みやた せつこ）
上智大学外国語学部ドイツ語学科卒業。訳書に『エンジェルセラピー』『クリスタルズ』『実践 エンジェル』（いずれもガイアブックス）など。翻訳雑誌の記事執筆も手掛ける。

HumaniTrees
ちょっと、気になる木

発　　行　2013年5月1日
発 行 者　平野　陽三
発 行 所　株式会社ガイアブックス
〒169-0074 東京都新宿区北新宿 3-14-8
TEL.03(3366)1411　FAX.03(3366)3503
http://www.gaiajapan.co.jp

ISBN978-4-88282-875-4 C0098

Printed in China